MÉMOIRE

SUR

LE MAGNÉTISME ANIMAL.

DE L'IMPRIMERIE DE BOSSANGE.

MÉMOIRE

SUR

LE MAGNÉTISME ANIMAL,

PRÉSENTÉ A L'ACADÉMIE DE BERLIN, EN 1818.

PARIS,

BAUDOUIN, FRÈRES, IMPRIMEURS-LIBRAIRE

Rue de Vaugirard, N°. 36, près la Chambre des Pairs

1818.

PRÉFACE.

Le Mémoire que je fais paraître, en ce moment, est extrait d'un ouvrage plus étendu dont je m'occupais lorsque j'appris que le Gouvernement prussien ouvrait un Concours relatif au Magnétisme animal. Ce phénomène avait été, au moment de sa découverte, assez mal reçu en France. Je crus trouver moins de prévention chez des étrangers, et je me déterminai à faire connaître mes idées à Berlin avant de les mettre au jour à Paris.

Les Mémoires devaient être déposés avant le premier mars 1818. Il me restait peu de temps, je me bornai au simple exposé de mon système, pour le renfermer dans un moindre volume, et j'en abandonnai les preuves aux observations faites et à faire par les magnétiseurs. C'est à ceux-ci surtout que je m'adressai en les priant d'examiner ma doctrine, et de chercher avec moi si je n'avais pas trouvé la vérité. J'affirmai tout ; mais je prévins le lecteur que je ne lui garantissais que ma conviction personnelle, et que c'était à lui à vérifier mes assertions et à rectifier mes erreurs.

Mon Mémoire fut déposé à l'Académie de Berlin dans le mois de février, et j'appris le 18 mars, par une lettre de M. Erman, secrétaire de la classe de Physique, que le Concours, dont je croyais qu'on s'occupait, s'était borné à un simple projet.

C'est sur ce Mémoire que j'appelle aujourd'hui l'attention de ceux de mes compatriotes qui s'occupent du Magnétisme. Je désire que l'explication que j'en donne soit jugée plutôt par l'expérience des faits que dans des dissertations purement spéculatives. L'étude de la nature ne me semble exiger, ni les efforts du génie, ni les lumières d'un esprit supérieur, il suffit quelquefois, pour y faire des découvertes d'écarter toute prévention et d'apporter dans ses observations un jugement sain et une attention soutenue. C'est ce que je crois avoir fait. On trouvera dans le courant de ce Mémoire quelques mots nouveaux qui m'ont paru propres à rendre plus exactement ma pensée, et dont la signification est facile à saisir ; mais on n'y trouvera pas le nom de l'auteur.

Sans doute, on doit se nommer quand, dans un ouvrage, on attaque les individus ou les institutions ; mais lorsqu'un auteur ne fait qu'expliquer des phénomènes existans par l'exposition d'un système nouveau, je ne vois pas où serait pour lui l'obligation de se faire connaître. Qu'importe en effet le nom d'un homme aux vérités que peut contenir un pareil livre. Je soumets mes opinions au jugement du lecteur. Mon nom ne le mettrait pas en état d'en mieux apprécier la justesse.

MÉMOIRE

SUR

LE MAGNÉTISME ANIMAL.

Les lois de la nature sont la volonté de Dieu manifestée par l'ordre de la création.

Pᴇᴜ de découvertes ont trouvé autant de contradicteurs que celle publiée par Mesmer. L'aveugle enthousiasme de ses partisans donnait journellement des armes à la malignité de ses détracteurs, et pendant un temps l'incrédulité s'était si bien établie, qu'il était presque devenu ridicule de chercher à faire de nouvelles expériences.

Maintenant à peu près tous ceux qui se sont livrés à l'examen du magnétisme conviennent de sa réalité. D'ailleurs trop de personnes éclairées s'en occupent pour qu'on puisse en contester long-temps l'existence. Je vais essayer d'en expliquer les effets, en indiquant la cause qui les produit.

Contraste insuffisant

NF Z 43-120-14

Je suppose que mes lecteurs ont suivi assez d'expériences magnétiques pour connaître les phénomènes que le somnambulisme offre ordinairement. Partant de là, je leur présenterai le fruit de mes méditations sans le faire précéder du récit de ce que j'ai vu ; je ne puis leur communiquer tous les élémens de ma conviction, car il m'est impossible de recommencer avec eux le chemin que j'ai parcouru. Le livre de la nature humaine est ouvert à tous les yeux. Je vais dire ce que je crois y avoir lu, mes lecteurs examineront si je me suis trompé. J'aurai partout un ton affirmatif; mais je déclare ici ne garantir que ma conviction personnelle.

Magnétiser est un acte de la volonté, et la volonté n'agit sur le corps humain que par l'intermédiaire de la vie : l'impulsion que nous lui donnons en exécutant les mouvemens journaliers la porte aude dans de nous, tandis qu'en magnétisant, nous la projettons au dehors. Voilà la différence.

D'après cet exposé, on conçoit que l'explication de la formation de la vie et des usages ordinaires que nous en faisons, doit précéder celle du magnétisme. Avant de considérer l'homme en particulier, et d'entrer dans des détails physiologiques à son égard, il faut jeter un coup-d'œil sur la création générale, dans laquelle il puise lui-même la matière et le principe d'animation dont se composent son corps et sa vie individuelle.

On peut considérer l'ensemble de l'univers physique et matériel comme renfermant deux principes, la vie et la matière. La vie donne le mouvement aux corps, et la matière est la substance qui forme leur masse.

Le principe de toute animation émane du soleil; mais il faut que cette vie primitive soit en quelque sorte digérée par la terre, avant de devenir propre à se combiner dans l'organisation des êtres secondaires.

La fermentation (1) que les rayons du soleil causent dans le globe, en y arrivant, produit des exhalaisons que nous nommons air atmosphérique.

Les êtres animés se trouvent plongés dans cet air, et c'est là principalement que chacun d'eux puise, comme dans un réservoir commun, le principe d'animation dont se compose la vie de l'individu, qui le modifie selon la nature de son organisation.

---

(1) L'électricité, l'aimant, le galvanisme, etc., sont produits par l'élaboration que la terre fait éprouver à la vie originelle qui s'y est combinée et qui y circule d'un pôle à l'autre, tandis que sa rotation journalière est due à l'impulsion que lui donne l'arrivée des rayons solaires.

Les rayons solaires cessent d'être lumineux quand ils se sont combinés avec la matière ; ils cessent aussi de faire sentir de la chaleur (quand il n'y a pas dégagement et combinaison nouvelle), car la chaleur n'est qu'un effet produit par le mouvement de leur combinaison (1).

En conséquence , si , par une combustion rapide, on les dégage d'un corps où ils s'étaient combinés, on reproduit sur-le-champ chaleur et lumière , c'est-à-dire, les mêmes phénomènes que ces rayons avaient d'abord occasionnés en arrivant dans notre sphère ; car il y a, de nouveau, dégagement et combinaison avec l'air atmosphérique environnant.

Je ne m'étendrai pas davantage sur ces notions préliminaires , il suffit que l'on sache que c'est dans la source commune que je viens d'indiquer, que les hommes et tous les êtres vivans puisent le principe d'animation dont se forme leur vie personnelle.

Les plantes , par le mécanisme de la fructification, et les animaux, par leur union , en

----

(1) Par cette raison, la chaleur produite par le soleil diminue à mesure qu'on s'élève, parce que l'air avec lequel il y a combinaison devient plus rare. La lumière que la lune nous renvoie n'est plus aussi propre à se combiner avec notre globe : en conséquence , elle n'y produit pas de chaleur sensible.

renferment une étincelle dans le germe, et c'est ce qui produit ensuite le développement de l'individu. La vie ainsi fixée s'accroît et se renouvelle par le mouvement même qu'elle imprime à l'organisation des corps, mouvement qui les use dès qu'ils ont acquis le point extrême de leur développement, et qui, bientôt, amène la destruction de ces mêmes corps, dont alors la vie se dégage peu-à-peu en suivant les degrés de leur dissolution.

La matière est insensible, inerte, divisible, etc., etc. Le globe terrestre fournit à chacun des êtres qu'il renferme, animaux et végétaux, la portion de matière qui entre dans la formation de leur corps, de même que le soleil leur fournit le principe de leur mouvement organique vital.

Jusqu'ici je n'ai considéré la création générale que sous le rapport de la matière et du mouvement, je vais parler maintenant du sentiment et de la pensée, et m'occuper de l'homme en particulier. Nous appelons âme ou intelligence l'être qui sent et qui pense. La vie est une création intermédiaire entre les âmes et la matière, elle est de nature telle que modifiée dans l'organisation humaine elle devient propre à recevoir l'action de la volonté et à transmettre le mouvement au corps.

L'homme terrestre réunit dans son être l'âme, la vie et la matière.

Sentir, c'est juger que l'on éprouve des sensations. Penser, c'est comparer des sensations reçues. Ces deux facultés sont donc inséparables dans leur principe, quoiqu'on puisse les diviser pour les examiner l'une après l'autre. Prise isolément, la faculté que nous avons de comparer et de juger se nomme intelligence, et nous appelons sensibilité la propriété que nous avons d'être affectés, soit par la sensation, soit par le sentiment.

La sensibilité de l'âme humaine peut donc être examinée sous deux rapports distincts : 1° comme nous donnant la sensation de l'existence des choses ; 2° comme produisant nos passions.

Il est essentiel de bien saisir cette division de la sensibilité en deux modes, pour concevoir les rapports réciproques de l'âme avec le corps.

En effet, le premier de ces modes est, ici bas, réparti dans les organes des sens, comme je l'expliquerai plus loin ; en sorte que le corps en est affecté avant que la sensation nous soit transmise ; tandis que le second agit d'abord dans notre âme, qui transmet consécutivement aux organes le mouvement des passions.

Le premier mode de sensibilité est indépendant de nous ; je l'appellerai mode de sensibilité sensuelle et passive, parce qu'il reçoit la sensation que les objets extérieurs font sur nos sens.

Le second mode de sensibilité part au contraire de notre âme pour se communiquer aux organes, il reçoit l'influence de nos déterminations, je le nommerai mode de sensibilité morale et active, parce que notre âme agit alors sur notre corps en lui communiquant le mouvement des passions.

Tous les mouvemens de l'âme sont soumis à l'empire de la volonté, c'est par cette raison que nous agissons à notre gré ; car les mouvemens que nous communiquons à notre corps ne sont que la conséquence de ceux de notre âme.

La sensibilité sensuelle est indépendante de notre volonté, puisque nous ne pouvons changer la nature des sensations qui nous font connaître l'existence des choses. Elle est l'occasion ordinaire du développement de la sensibilité morale ; cette dernière reçoit toutes les modifications que, dans notre liberté, nous nous décidons à lui donner, en sorte que nous pouvons réprimer nos passions et nous en rendre maîtres.

La liberté de l'homme est au-dessus de notre

intelligence et par conséquent hors de notre conception. Elle est de l'essence de l'âme humaine; un sentiment irrésistible nous l'annonce, ce sentiment est inhérent à notre nature, et c'est ainsi que Dieu nous la prouve à nous-mêmes. Nous sentons que nous sommes libres.

L'on voit, dans le corps humain, les membres dont on fait un usage continuel croître aux dépens des autres ; de même, dans notre âme, les sentimens que nos pensées mettent sans cesse en mouvement s'étendent et croissent, tandis que ceux qui cessent de nous occuper s'amoindrissent progressivement.

J'engage le lecteur à bien se fixer sur les deux modes de sensibilité que je viens de lui signaler. Tous les deux appartiennent essentiellement à notre âme ; mais elle les exerce différemment dans nos organes; aussi nous verrons plus loin que la sensibilité sensuelle est affectée par une modification de la vie humaine, différente de celle que l'âme emploie dans l'exécution des mouvemens volontaires. Je vais, maintenant, avant de m'avancer davantage, donner une idée générale de la structure de la machine humaine.

Le corps humain se compose de parties molles et de parties solides qui lui servent de point d'appui.

Nous connaissons tous sa structure extérieure. Il est à sa surface recouvert par la peau. Elle tapisse également ses cavités internes.

Les chairs se divisent en portions séparées qui forment chacune un muscle particulier.

La charpente osseuse se divise de même en plusieurs os unis ensemble par des articulations plus ou moins mobiles, selon les mouvemens auxquels elles sont destinées, et quelquefois par des articulations fixes comme dans les os du crâne. La plupart des muscles s'attachent par leurs extrémités à différens os. Ces muscles, en se contractant, se racourcissent; leurs extrémités se rapprochent, et par conséquent aussi les os où elles sont fixées.

C'est par ce mécanisme que nos membres exécutent leurs divers mouvemens.

Notre volonté n'agit sur les muscles qu'en se servant de l'intermédiaire des nerfs; ce sont eux qui transmettent nos ordres aux masses charnues et les font se contracter à notre gré.

Les nerfs sont des espèces de filets de couleur blanchâtre, d'une substance analogue à celle du cerveau avec lequel ils communiquent. Ils sont répandus dans toutes les parties du corps, et les extrémités d'un grand nombre viennent se perdre dans la structure de la peau.

Les mouvemens du corps humain sont volontaires, organiques ou convulsifs. L'âme, par l'intermédiaire des nerfs, fait exécuter tous les mouvemens volontaires. Les mouvemens organiques sont ceux que l'action de la vie produit d'elle-même dans nos organes. Quant aux mouvemens convulsifs, ils peuvent être le résultat de toutes les causes susceptibles d'apporter du trouble dans notre organisation.

Lorsque je dis que la volonté se sert des nerfs pour mouvoir le corps humain ; je ne prétends pas faire entendre qu'elle agit immédiatement sur eux ; car, je le répète, la volonté ne peut avoir d'action sur la matière que par l'intermédiaire de la vie. On a vu précédemment que les rayons solaires font naître de la chaleur en se combinant avec la matière ; il s'ensuit que toute vie individuelle doit produire essentiellement de la chaleur ; car elle se compose d'une pareille combinaison contiuelle. Une portion du principe d'animation, ainsi individualisée par le jeu des diverses organisations, s'évapore sans cesse et sans cesse se renouvelle ; mais une portion aussi se combine en s'incorporant avec la matière qui forme l'individu et ne l'abandonne qu'à sa dissolution complète.

Le mouvement que la vie imprime à l'organisation des corps les rend susceptibles de s'assimiler les diverses substances propres à leur nourriture. C'est ce que nous appelons végétation dans les uns, et digestion dans les autres. L'homme s'empare des alimens propres à nourir son espèce ; l'estomac les reçoit, les élabore et les convertit en chyle. Ce travail se continue dans les intestins grèles et diminue progressivement en approchant des dernières voies.

Ainsi, la formation du chyle, destiné lui-même à la formation du sang, est l'objet de la digestion. C'est un travail préparatoire au renouvellement de notre existence physique, qui se compose du concours des circulations sanguines et nerveuses. La première produit l'irritabilité du corps humain ; la seconde nous rend sensibles aux atteintes qu'il reçoit ; l'une part du cœur, l'autre du cerveau. Elles ne forment qu'une existence ; intimement unies dans notre organisation, elles concourent aux diverses sécrétions et sont le principe d'activité du mouvement de tous les vaisseaux. Dans les organisations plus simples, telles que celles des végétaux, où la vie ne se renouvelle que par une seule circulation, il n'y a pas de nerfs, et c'est à un état à peu près semblable que se trouve réduit, dans l'homme, l'existence d'un membre paralysé.

Le cœur est le foyer de la circulation sanguine.
Deux espèces de vaisseaux y concourent, les artères et les veines. Les uns portent le sang dans toutes les parties du corps, les autres le rapportent ans que les anatomistes puissent apercevoir de quelle manière ils communiquent entre eux (1). Dans ce mouvement continuel, le sang en parcourant nos organes, leur donne la nourriture dont ils ont besoin. Le chyle lui en fournit la matière ; mais c'est surtout en traversant les poumons qu'il s'enrichit, par le mécanisme de la respiration, de la vie que nous puisons dans l'air commun, et qui, combinée avec notre sang, circule bientôt dans toutes les parties du corps et produit leur irritabilité. Le cerveau sépare de la masse du sang qui le parcourt une portion de cette vie, et, par une

---

(1) Cette communication se fait dans le système de la nutrition particulière des organes, dont les détails échappent à l'œil, et qui fournit à chaque muscle les alimens nécessaires à son développement et à sa conservation. Les artères y portent le sang, et les extrémités capillaires des veines le remportent après qu'il y a laissé la portion de matière et de vie nécessaire à l'entretien du corps et de l'irritabilité des organes. On verra bientôt que la circulation nerveuse renouvelle à peu près de même la vie sensitive, dont une portion en s'exhalant sanscesse s'unit à l'irratibilité qu'elle perfectionne.

élaboration admirable , il en forme la vie de l'homme, proprement dite. Jusque-là le corps humain ne jouissait que de l'irritabilité; mais le travail du cerveau appropriant la vie à l'usage de nos facultés spirituelles nous rend sensibles aux atteintes matérielles qu'elle reçoit. En effet, la vie réagissant sur notre âme, y produit autant de sensations qu'elle a reçu de commotions dans nos organes. C'est ce qui forme notre sensibilité matérielle, c'est-à-dire, la faculté que la vie nous donne d'être affectés des atteintes matérielles reçues dans notre corps.

Cette faculté s'entretient par une circulation qui part du cerveau : les nerfs en sont les agens et la portent par leurs ramifications dans toutes les parties du corps humain.

Le mouvement du cerveau, comme celui du cœur, ne cesse entièrement qu'à la mort; mais s'il est suspendu ou gêné , par une cause quelconque, la communication avec le corps éprouve aussitôt les mêmes altérations ; car l'âme cesse d'être présente à ce qui se passe dans les organes, dès que l'intermédiaire qui la rendait sensible aux atteintes matérielles vient à lui manquer.

Ainsi, l'homme puise dans ses alimens, et surtout dans l'air qu'il respire, la vie qu'il s'approprie en la modifiant selon la nature de son être. Cette vie, par le jeu admirable de l'organisation humaine, animalisée par la respiration, se perfectionne dans le système de la circulation sanguine, parvient au cerveau qui l'élabore de nouveau, et se trouvant, par ce dernier travail, appropriée aux facultés de notre âme, produit alors notre sensibilité matérielle en nous communiquant toutes les impressions qu'elle reçoit dans nos organes.

Dans l'état de santé, le jeu de l'organisation humaine y renouvelle la vie avec une activité et une abondance proportionnées à l'usage, et comme nous la puisons dans l'air atmosphérique, la respiration s'accélère à raison de la dépense que nous en faisons. Les alimens que nous prenons servent principalement à la nourriture des organes, et pour cet objet ils doivent subir une longue préparation. Nous dépensons, à cet égard, assez lentement, nous réparons de même. Il n'en est pas ainsi de la vie proprement dite, le mouvement organique la consomme rapidement et sans cesse ; nous sommes, en conséquence, sans cesse obligés de puiser dans l'air une nouvelle portion de vie commune pour nous l'individualiser, en nous l'appropriant : ausssi le travail de la respiration ne peut être long-temps suspendu sans occasionner la mort (1).

C'est la vie qui nous apprend l'existence des créations terrestres, sans elle nous ne verrions rien de ce qui nous entoure ; car le monde spirituel et le monde matériel n'ont, par leur nature, aucune action réciproque.

La rencontre d'un cristal diaphane n'arrête pas les rayons de la lumière. L'âme et la matière s'opposent encore moins d'obstacles, et sans l'intermédiaire de la vie, elles ne pourraient faire impression l'une sur l'autre, et seraient entre elles, comme si elles n'étaient pas (2).

Placés, ici bas, dans un monde matériel, la vie qui nous y captive nous sert à le connaître, elle unit notre sensibilité aux organes du corps, et procurant ainsi des sens matériels à notre âme, elle la rend sensible aux objets physiques qui l'entourent. Nous devons donc à la vie la connaissance des choses terrestres ; mais en renfermant notre sensibilité sensuelle dans des

---

(1) Le mouvement de la respiration favorise d'ailleurs celui du cœur, et, mécaniquement, il est utile à la circulation.

(2) Tous les efforts de la pensée ne pourraient déranger un atôme de matière, parce que les actions de l'âme n'ont aucune prise immédiate sur les corps.

organes corporels , elle en borne l'usage à l'examen physique et matériel des choses, le seul que la nature de ces organes puisse admettre.

L'existence terrestre ne change rien à la nature des facultés de l'âme humaine , elle ne fait qu'en transporter l'usage dans un corps.

L'homme est ainsi réduit à exercer sa sensibilité sensuelle dans des organes matériels, et mis dans l'impossibilité de l'employer autrement.

On vient de voir que le cerveau élabore la vie humaine, et la rend propre à transmettre à l'âme les atteintes que reçoit le corps. Cette vie, ainsi préparée est ce que j'appelle la vie sensitive ou le fluide nerveux ; l'électricité, qui n'est elle-même que la vie travaillée moins délicatement par la terre, peut donner une idée de la promptitude des commnications que nous en recevons.

La circulation nerveuse conduit la vie sensitive jusque dans le systême de la nutrition de chaque organe; là, une portion de cette vie se perd dans l'irritabilité animale qu'elle perfectionne (1).

---

(1) La douleur développe la circulation nerveuse dans la partie affectée, de la même manière qu'elle y développe la circulation sanguine.

Une comparaison me semble donner quelque idée de la manière dont nous sentons pendant notre existence terrestre. La lumière, cette vie libre que le soleil nous envoie, arrêtée dans dans une glace, y représente les objets placés entre elle et le miroir. De même, la vie sensitive placée dans nos organes éclaire les atteintes qu'ils reçoivent (1). C'est ainsi que nous apprenons l'existence des choses qui nous entourent. Les sensations qu'elles occasionnent nous arrivent du dehors, le corps les reçoit, la vie nous les transmet. Les mouvemens volontaires nous viennent au contraire du dedans, notre âme les décide, la vie les fait exécuter aux membres (2).

Les sensations et les mouvemens partent donc

---

(1) On verra, dans la suite, que la vie sentive n'agit pas immédiatement sur l'âme, mais sur la vie spiritualisée qui communique la sensation à notre âme.

(2) L'agent de la sensibilité n'est pas le même que celui que nous employons dans l'exécution des mouvemens volontaires. Le fait suivant rapporté dans les mémoires de l'Académie de Médecine servirait à le prouver. — Un militaire (de l'Hôtel des Invalides) se brûla profondément la main en levant le couvercle d'un poêle en fonte qui se trouvait presque rouge, et ne s'en aperçut qu'en examinant ensuite sa main. Il n'avait éprouvé aucune douleur. Le bras de cet homme, dont il se servait comme auparavant, était devenu complétement insensible.

de deux points différens ; la vie leur sert également de véhicule, mais d'une manière opposée ; car elle spiritualise, en quelque sorte, les commotions physiques en nous y rendant sensibles, tandis qu'en faisant agir le corps, elle semble matérialiser les mouvemens de l'âme.

En effet, dans l'homme terrestre, la vie, en unissant l'intelligence à la matière, dénature, en sens inverse, toutes les communications dont elle est l'intermédiaire. Agent du corps, elle reçoit des atteintes matérielles et nous transmet des sensations ; agent de l'âme, elle change l'action spirituelle que la volonté lui imprime dans un mouvement physique qu'elle communique à nos membres.

La modification de la vie humaine, employée dans ces deux opérations, n'est pas et ne pouvait pas être la même ; car l'âme et la matière sont de nature si différente, que, tant qu'une substance est propre à recevoir l'impulsion de l'une, elle est nécessairement incapable de recevoir l'impulsion de l'autre.

Le fluide nerveux soumis à l'action organique circule dans tout le corps. Placé entre les atteintes matérielles et la sensibilité sensuelle, il n'appartient pas plus à l'âme, en lui communiquant des sensations, que le bâton qui frappe n'appartient au membre frappé.

Au contraire, la vie qui nous sert à l'exécution des mouvemens volontaires appartient à l'âme, qui s'en empare pour l'employer comme un agent nécessairement associé en ce monde à toutes ses actions.

Dans les sensations, le fluide nerveux réagit sur l'âme, tandis que dans les mouvemens volontaires c'est de l'âme que part l'action; la vie la reçoit et réagit sur le corps en le faisant mouvoir.

Nos sensations, sur la terre, sont produites par l'influence que le corps a sur l'âme, et nos mouvemens volontaires, par l'empire que l'âme a sur le corps.

Les premières sont transmises par la vie sensitive; les secondes, par la vie spiritualisée.

Je donne le nom de vie spiritualisée à celle dont notre volonté dispose. C'est la dernière modification que le corps humain fait éprouver au principe qui l'anime. Le fluide nerveux la renouvelle par le mouvement que l'âme communique au cerveau, ce qui spiritualise sans cesse une portion de vie sensitive en la faisant entrer dans le travail des pensées (1).

____

(1) L'examen des sensations porte, dans le travail des pensées, une portion du fluide nerveux qui nous les a communiquées. C'est ainsi que l'action de l'intelligence, sur la sensibilité, renouvelle la vie spiritualisée.

Cette vie ainsi modifiée est trop rapprochée de la nature spirituelle pour qu'elle puisse devenir désormais l'objet d'une circulation organique. La volonté l'envoie et la rappelle, ou elle revient d'elle-même dès que l'impulsion cesse. Elle ne pourrait mouvoir immédiatement le corps qu'elle traverse facilement ; mais en suivant les nerfs comme des conducteurs, elle agit sur eux, et ceux-ci sur les muscles qu'ils contractent.

Les sensations nous sont transmises de même, mais en sens inverse ; le fluide nerveux les reçoit et les transmet à la vie spiritualisée qui nous les communique ; il est la voix des organes, il nous apprend ce qui les affecte ; l'âme n'a pas d'action immédiate sur lui, car il reste dans le domaine de la matière. La vie spiritualisée en est sortie, elle n'y rentre plus ; mais elle fait exécuter au corps les ordres de l'être spirituel auquel elle appartient.

Dans l'examen que je viens de faire des diverses élaborations que le principe d'animation générale éprouve en entrant dans la composition de la vie humaine, on a dû remarquer trois modifications successives, dont la première fournit les élémens de la seconde, et celle-ci de la troisième. Il fallait nécessairement que notre être matériel fût vivant, et par conséquent qu'il possédât un principe d'animation qui lui fût propre, avant que les modifications de sa vie pussent former des relations réciproques entre ses organes et notre âme. Le corps humain jouit, en effet, d'une sorte d'existence végétale, indépendante de ses communications avec l'âme; la vie qu'il possède, sous ce rapport, circule, combinée avec le sang, et se fixe en partie en s'incarnant dans tout ce qui forme notre organisation (1).

Telle est la première modification que notre machine cause au principe d'animation. Elle l'unit avec la matière et l'y confond en partie.

La seconde, au contraire, semble l'en séparer; le fluide nerveux n'offre en effet aucun mélange apparent avec la matière, il conserve seulement la propriété d'être affecté par elle.

La troisième modification de la vie humaine entre toute entière dans le domaine de la spiritualité; identifiée en quelque sorte avec notre âme qui s'en empare, elle suit le mouvement des pensées, et réagissant sur le fluide nerveux, elle fait exécuter au corps les mouvemens que notre volonté détermine.

Ces trois modifications de la vie humaine sont importantes à bien retenir; j'ai cru nécessaire

____

(1) Elle produit l'irritabilité musculaire.

de les rappeler succinctement avant de passer à un autre objet.

La matière ne peut fixer un être spirituel, car elle n'a aucune prise sur lui ; mais s'il rencontre un intermédiaire de nature telle qu'il puisse le mettre en mouvement en y exerçant ses facultés, elles s'y trouvent enveloppées, et la matière qui fixe alors cet intermédiaire fixe en même-temps l'être spirituel qui s'y trouve engagé. Nous sommes ainsi retenus sur la terre par la vie spiritualisée dont notre âme dispose.

Dégagé des liens terrestres, le pouvoir de sentir et de penser s'exerce immédiatement par l'être indivisible qui le possède ; mais durant notre existence temporelle, la structure du corps répartit l'usage des facultés de notre âme dans des organes dont on peut la priver.

Le fluide nerveux reste le même ; mais quoiqu'il soit partout également propre à servir notre sensibilité sensuelle, il faut par exemple qu'il soit exercé dans l'appareil de l'œil pour nous faire éprouver la sensation de la vue ; car les sensations qu'il nous communique ne sont que l'image des impressions qu'il a reçues. Nous cessons, en conséquence, de pouvoir nous servir en ce monde de celles de nos facultés dont les organes sont détruits, et, tant que nous restons sur la terre, il nous semble que ces facultés croissent, se développent et périssent avec les organes qu'elles mettent en usage (1).

L'influence que la destructibilité du corps humain exerce sur nos sens se fait également sentir dans l'exécution des mouvemens de l'âme.

En effet, pendant notre existence terrestre, chaque émotion de notre sensibilité morale s'incarne dans notre être matériel, en produisant une contraction dans les plexus solaire et cardiaque, d'où résulte aussitôt une sensation plus

____

(1) Un aveugle conserve intérieurement la faculté de voir, quoiqu'il en ait perdu l'usage extérieur. Son âme voit encore réellement les images que des songes viennent lui offrir. En effet, voir sur la terre, c'est recevoir la sensation que la vie fait éprouver à notre âme, en peignant dans l'affectibilité du cerveau la forme et la couleur des objets. Durant le someil, la vie qui trace cette peinture est dirigée par nos souvenirs, tandis que dans la veille elle la reçoit de l'impression que la lumière fait sur nos yeux. La différence consiste donc dans l'agent qui dispose du pinceau ; quant à la faculté de voir qui se trouve exercée, elle reste évidemment la même. Un aveugle de naissance ne peut exercer sa faculté de voir ni dans les organes qui lui manquent, ni dans sa mémoire; car nos souvenirs, sur la terre, se bornent aux sensations que nous y avons reçues.

ou moins vive, mais toujours analogue à la cause qui l'a fait naître (1).

Nos jugemens s'exécutent de même dans le cerveau, il est l'organe de l'intelligence, comme les plexus sont l'organe du sentiment. Le souvenir du passé, la prévoyance de l'avenir, en un mot, l'immense variété des pensées est sans doute prodigieuse dans ses diversités ; cependant, chacune de ces diversités produit dans le cerveau un travail différent, que la vie spiritualisée y exécute à mesure qu'elle le reçoit de notre âme.

Ce travail ne laisse aucune trace après lui, pas plus que l'image des objets n'en laisse dans nos yeux; mais il est indispensable tant que nous sommes sur la terre, car nous y pensons avec le cerveau, comme nous y voyons avec l'organe de la vue.

Les pensées que nous devons immédiatement aux sensations que nos sens nous transmettent sont causées par les impressions qu'ils reçoivent des objets extérieurs. Quant aux sensations que les plexus nous renvoient, elles ont aussi né-

______

(1) Il ne faut pas perdre de vue que les sensations qui nous viennent des plexus sont le résultat d'un mouvement de l'âme, tandis que celles produites par les sens sont causées par des impressions reçues de l'extérieur.

cessairement un rapport direct avec ces mêmes objets, puisqu'elles naissent des mouvemens de l'âme que nos sens avaient occasionnés. Ainsi, dans l'état de santé, nos jugemens sont toujours une conséquence des relations existantes entre les objets extérieurs et nous. Il n'en est pas de même dans les aliénations mentales : les organes du sentiment et de la pensée se contractent alors par un mouvement convulsif, et nous communiquent d'eux-mêmes des sensations et des images qui cessent d'être en rapport avec les choses, parce qu'elles ne sont plus produites par les impressions que nos sens ont reçues.

La folie est donc une maladie des organes où s'incarnent le sentiment et la pensée. Elle pervertit l'usage que nous en faisons sur la terre, mais elle ne change rien à la nature inaltérable de nos facultés.

Dans l'âme humaine, les sensations font naître les pensées, et les pensées développent des sentimens qui peuvent à leur tour produire d'autres pensées et d'autres sentimens.

Le même rapport existe nécessairement dans le corps entre le cerveau et les plexus, avec cette différence, pourtant, que les organes du sentiment et de la pensée ne réagissent l'un sur l'autre que par l'intermédiaire de l'âme (1).

Il ne me reste plus maintenant que quelques observations à faire sur la formation de la mémoire et de l'imagination, avant de passer au magnétisme proprement dit.

Tout jugement suppose de la mémoire ; car ne fissions-nous que détourner nos regards d'un premier objet pour les porter sur un second et les comparer, il est clair que cette comparaison se fera sur le souvenir du premier.

Les perceptions de l'âme sont produites par les impressions que notre sensibilité reçoit des objets extérieurs ; pour rappeler des perceptions passées, il faut que l'intelligence renouvelle dans la sensibilité l'impression qu'elle en avait reçue : ainsi la mémoire est une réaction de l'intelligence sur la sensibilité. Plus cette réaction est vive, plus la mémoire est parfaite.

____

(1) Ainsi, ne sensation dans les plexus produit un travail dans le cerveau, comme un travail dans le cerveau fait naître une sensation dans les plexus ; et, si l'on se rappelle de quelle manière la vie spiritualisée unit l'âme au corps et leur sert de moyen de communication réciproque, on trouvera qu'une sensation des plexus renvoie à l'âme le sentiment qui la produisit, de même que le mouvement du cerveau renouvelle la pensée qui le fit naître.

Elle ne peut jamais avoir une grande étendue ici bas, la destructibilité du corps s'y oppose. D'ailleurs, l'affectibilité de nos organes est tellement imparfaite que les impressions qui s'y succèdent sans cesse y forment un voile, qu'en fuyant le présent jette sur le passé (1). De là vient qu'avec le sentiment vague d'un souvenir, notre âme éprouve souvent l'impossibilité de le rappeler (2). L'obstacle quelle trouve tient à notre mode d'action sur la terre, on le voit décroître à mesure que l'on avance dans l'état magnétique, comme je l'expliquerai bientôt.

L'organe de la mémoire est une espèce de sens intérieur qui sert de miroir à tous les autres : nous en usons en nous rappelant ce que nous éprouvâmes comme nous usons de nos yeux pour voir. La vie spiritualisée que notre volonté met en mouvement peint alors dans le cerveau les images des objets, et toutes les circonstances dont se composent nos souvenirs : c'est ainsi

______

(1) Qu'on enlève ce voile, à l'instant la mémoire ne trouve plus d'obstacle, et le premier jour du mois devient aussi présent que le dernier. Tel est le résultat constant du retour de l'état magnétique à la vie ordinaire.

(2) Notre âme n'a dans ce monde aucune action immédiate sur elle-même, elle ne peut agir qu'avec la vie, et ne reçoit d'impression que par cet intermédiaire.

que se forme le travail de notre mémoire terrestre (1). Mais il faut que l'affectibilité du cerveau n'ait rien perdu de son étendue.

En effet, si le genre de sensibilité de l'organe de la mémoire a changé, notre volonté ne pourra pas y renouveler des images, c'est-à-dire, des sensations reçues dans un mode de sensibilité qui n'y existe plus.

Quand je dis la sensibilité des organes, je n'entends pas la faculté de sentir (elle appartient à l'âme seule), mais l'aptitude d'être affecté par des impressions diverses, et l'on conçoit que, l'affectibilité venant à changer, la volonté s'efforcerait vainement de reproduire dans l'organe de la mémoire un genre d'affection devenu impossible dans son mode actuel d'affectibilité.

Lorsque toutes nos sensations ont été, pendant un temps, mélangées d'un mode d'affectibilité disparu depuis, elles restent alors oubliées pour nous jusqu'à ce que ce mode d'affectibilité vienne à reparaître, et permette à notre intelligence d'y renouveler les impressions précédemment reçues.

_____

(1) La vie spiritualisée peint nos souvenirs dans le cerveau, comme la lumière (cette vie libre qui nous éclaire) peint les objets dans nos yeux.

C'est ce qui arrive dans l'état magnétique : en y entrant l'affectibilité du cerveau s'accroît et l'on conserve ses souvenirs ; mais en sortant, cette affectibilité diminue, et l'on perd la mémoire des impressions reçues pendant son augmentation.

L'imagination consiste à prendre dans les idées que nous avons acquises, par l'examen des choses et des temps, une multitude d'images que nous assemblons à notre gré et dans l'ordre qu'il nous plaît, pour en créer, par une fiction, des êtres et des circonstances sans réalité.

D'après ce que j'ai dit, le lecteur sait déjà que le magnétisme est la vie même ; je vais examiner quelques-uns de ses usages et des résultats qu'ils peuvent produire.

De trois modifications que le corps humain fait éprouver au principe qui l'anime, une seule est à la disposition de notre âme, c'est la vie spiritualisée ; elle suit les trajets nerveux en prenant toutes les directions que la volonté lui donne, et fait exécuter nos ordres aux muscles qu'elle contracte.

On magnétise comme on agit par la volonté ; car la vie spiritualisée suit l'impulsion qu'il nous plaît de lui donner, hors des organes, comme dans les organes.

Lorsqu'un homme magnétise un individu de

son espèce, il pénètre de sa vie spiritualisée une organisation de même nature que la sienne. Cette apparition d'une vie étrangère ne produit ordinairement aucun effet bien sensible dans celui qui s'en trouve pénétré, surtout s'il jouit d'une bonne santé et qu'il ne soit pas d'une constitution facile à émouvoir. Il n'en est pas ainsi dans l'état de maladie, la présence d'une grande quantité de vie étrangère plus active peut changer subitement le mode d'existence de celui qui la reçoit, et le faire entrer dans l'état magnétique. Cet état a été appelé somnanbulisme parce qu'il a nécessairement pour passage un instant de sommeil produit par la cessation de nos perceptions dans la vie ordinaire. Cette dénomination est très-impropre, l'état magnétique est un genre particulier d'existence; on y trouve la veille, le sommeil, et le souvenir des faits antérieurs ; car il contient le mode d'affectibilité ordinaire avec une augmentation.

Nous avons vu précédemment que le fluide nerveux est la voix des organes, qu'il nous transmet les impressions reçues par eux, en les communiquant à la vie spiritualisée dans laquelle notre âme agit (1).

____

(1) La volonté n'agit pas immédiatement sur le fluide ner-

Ces impressions ne nous sont donc conneus que par les sensations qu'un intermédiaire nous transmet. Notre âme ne les possède pas immédiatement dans sa sensibilité, elle ne peut, par conséquent, les examiner en elles-mêmes, mais seulement dans la communication qui lui en est faite (1).

Cette communication nous apprend la forme et la couleur des objets. Elle peut encore nous causer des sensations agréables ou pénibles; mais elle ne nous donne aucune autre lumière, et notre intelligence, ne pouvant envahir le domaine de l'affectibilité du corps pour examiner la nature de l'impression dans l'organe même qui l'a reçue, ignore si elle est destructive ou salutaire et quelles suites elle entraînera. L'expérience seule nous instruit à cet égard, jusque-là, nous ne connaissons, des atteintes reçues, que les sensations que le fluide nerveux nous en communique.

Les diverses élaborations que l'organisation

---

veux; mais l'action qu'elle cause le fait affluer en plus grande quantité vers la partie mise en mouvement.

(1) La douleur que nous fait éprouver un coup ne nous apprend pas, par exemple, qu'il nous a déchiré ou fracassé un membre, nous n'en sommes instruits que par l'examen que nous faisons ensuite.

humaine fait éprouver au principe qui l'anime séparent le mode de vie soumis à l'action de notre volonté, de celui qui forme l'affectibilité des organes ; mais à l'instant où l'agent de l'âme parvient à s'introduire dans le domaine de l'affectibilité, notre intelligence y pénètre et va juger la nature de l'impression dans l'organe même qui l'a reçue (1).

En effet, quand un individu reçoit d'un autre une assez grande quantité de vie spiritualisée pour qu'une portion de cette vie étrangère puisse, en suivant la circulation nerveuse qu'elle pénètre, arriver à l'âme du magnétisé par la même voie que la sensation (2), elle ouvre à son intelligence le domaine de l'affectibilité des organes.

Alors, l'âme du magnétisé ne borne plus son examen aux sensations que le fluide nerveux lui comunique ; mais en agissant dans la

---

(1) Dégagée de la vie terrestre, notre âme sent et pense dans elle-même. Son intelligence examine dans sa sensibilité sensuelle, les sensations qu'y font naître immédiatement les objets extérieurs, tandis qu'en ce monde, ne recevant aucuneimpression directe du dehors, et ne pouvant étendre notre investigation dans le domaine de l'affectibilité des organes, notre examen ne porte que sur la sensation que le fluide nerveux nous transmet.

(1) Matériellement parlant, l'âme n'est nulle part. Elle

vie spiritualisée que l'on a mis à sa disposition, elle envahit, par son moyen, tout le système nerveux dans lequel elle étend aussitôt ses investigations.

Sans doute, un somnambule ne peut pas sentir dans la vie spiritualisée les impressions faites sur ses organes, (car elle n'est pas de nature à recevoir immédiatement des impressions matérielles) mais elles suit tous les mouvemens de sa volonté et lui donne le moyen de voir l'intérieur du corps en l'éclairant ; en effet, dans l'état magnétique, les organes des sens sont affectés de deux manières différentes. Les yeux, par exemple, ne se bornent plus à recevoir de la lumière ordinaire, l'image des objets, cette image leur est, en outre, communiquée par la vie spiritualisée qui va la peindre sur la rétine ; mais alors cette peinture n'est

---

n'est tangible ici bas (si je puis m'exprimer ainsi) que par les sensations. C'est donc la seule voie par laquelle la vie spiritualisée émise dans l'action magnétique puisse arriver jusqu'à elle. L'instant où l'âme n'agit plus dans la vie ordinaire et n'agit pas encore dans la vie magnétique, est rempli par un sommeil plus ou moins long. Si l'émission magnétique interrompt le mode de vie ordinaire sans être assez considérable pour le changer, ce sommeil se termine par un réveil qui ne laisse dans la pensée aucune trace du temps écoulé.

pas produite par le rapport des situations, elle est due à l'action de la volonté sur la vie spiritualisée qui lui obéit, et qui porte en elle comme toute lumière, l'image des objets qu'elle éclaire (1).

Un somnambule voit donc l'intérieur de son corps et dès que son attention se fixe plus particulièrement sur une partie où la douleur l'appelle, non-seulement il la voit; mais il juge de son état dont il peut désormais apprécier les dangers et calculer les ressources; car son intelligence, ayant envahi le domaine de l'affectibilité, a toute sorte de moyen pour prévoir et suivre, dans le corps même, les progrès du mal et l'effet des médicamens.

Un somnambule conserve l'usage de ses sens dans la vie ordinaire; mais les premières fois qu'il entre dans l'état magnétique les facultés de son âme se trouvent enveloppées dans la nouvelle vie spiritualisée que l'on vient de

---

(3) La vie spiritualisée ne peut pas, dans ce premier état, agir immédiatement sur la sensibilité sensuelle de l'âme (ce qui pourrait arriver dans l'état magnétique supérieur), elle porte l'image des objets dans les yeux en suivant l'impulsion que la volonté lui donne, la lumière ordinaire n'est pas alors nécessaire pour voir; mais l'organe de la vue est indispensable.

mettre à sa disposition et qui les absorbe tellement qu'elle n'est plus présente aux communications que lui transmet la vie ordinaire. Toute action qui vient d'autre part frapper les organes du somnambule lui cause, alors, un trouble extrême.

Cet état d'isolement cesse bientôt. La volonté du magnétiseur peut y contribuer ; mais tant qu'il dure le somnambule ne voit et n'entend que les personnes et les choses que l'on met en rapport avec lui, c'est-à-dire, que l'en illumine de la même vie spiritualisée dans laquelle il agit (1).

L'action de la volonté d'un magnétiseur, sur celui qu'il a fait entrer dans l'état magnétique, est plus ou moins complette selon que la vie spiritualisée dont il la pénétré a plus ou moins complétement envahi l'affectibilité des organes.

Un magnétiseur peut ordinairement, quand

---

(1) Pour mettre en rapport avec un somnambule dans cet état d'isolement, il faut que son magnétiseur magnétise les personnes ou les choses qu'il veut lui faire voir ou entendre ; à mesure que l'action magnétique s'étend, le somnambule étend l'usage de ses sens et les paroles de ceux que l'on met en rapport avec lui viennent progressivement frapper plus distinctement ses oreilles. Au surplus, je le répète, cet état d'isolement n'a pas ordinairement une longue durée ; mais on peut le reproduire dans le cours d'un traitement magnétique.

il lui plaît, rendre immobiles les membres de son somnambule. Il peut encore assez souvent leur donner le mouvement et le diriger à son gré ; mais son pouvoir ne se borne pas à l'action musculaire, il influe aussi sur l'organe des pensées.

La vie spiritualisée, comme je l'ai dit précédemment, est l'intermédiaire dont l'âme se sert pour faire agir le corps, elle continue à recevoir l'impulsion de la volonté de celui dont elle émane après l'émission magnétique et par ce moyen il peut peindre dans l'affectibilité de l'organe des pensées de son somnambule les images qu'il juge à propos d'y tracer (1); ces images que le magnétisé voit dans son cerveau (comme nous voyons en rêvant) ont pour lui toute la réalité que leur donne la sensation.

Je viens d'expliquer comment un individu, dans l'état magnétique, peut voir, en portant

---

(1) C'est ainsi que quelques personnes et les enfans surtout voient dans leur cerveau, en fermant les yeux, le spectacle des objets dont leur imagination s'occupe. Ces tableaux ne les trompent pas parce qu'ils dirigent eux-mêmes le pinceau qui les trace. De fâcheuses expériences ont appris à quelques personnes combien il est dangereux de livrer l'organe de ses pensées aux impressions qui peuvent faire ainsi des intelligences étrangères.

par sa volonté l'image des objets que sa vie spiritualisée éclaire sur l'organe de sa vue. Cette manière de voir diffère de la manière ordinaire en ce que la peinture que la lumière commune trace dans nos yeux, y arrive d'elle-même, tandis que la peinture que porte la vie magnétique n'arrive à l'organe que par l'action de la volonté.

Un somnambule voit ainsi tout ce qui est magnétisé; mais s'il veut examiner de même quelque chose qui ne le soit pas, il faut qu'il le magnétise d'abord; c'est-à-dire, qu'il porte la vie spiritualisée dont il dispose sur l'objet dont il s'occupe. Alors, il le voit non pas seulement parce que sa volonté rapporte dans ses yeux l'image; mais encore parce qu'elle a été la chercher. C'est ainsi qu'un somnambule voit l'intérieur du corps de ceux qu'il examine. Ce genre de vision appartient presque entièrement à l'âme séparée du corps, il n'y reste de terrestre que l'impression que l'organe de la vue continue à recevoir; aussi cette manière d'user de ses facultés peut conduire l'âme à voir tout-à-fait immatériellement, c'est-à-dire, à détacher assez, par moment, l'usage de sa sensibilité sensuelle des organes du corps, pour recevoir directement de la vie spiritualisée l'impression qui fait l'image des objets. Un somnambule, alors, voit à distance, ou plutôt les distances (selon l'idée matérielle que nous en avons), disparaissent pour lui (1), sa volonté, en se concentrant sur un objet, l'éclaire et en porte immédiatement l'image à sa sensibilité sensuelle. Il le voit, par conséquent, sans le secours des organes corporels qui sont trop grossiers pour recevoir une impression aussi délicate. On sent bien que les obstacles qui arrêtent la lumière ordinaire n'ont aucune influence sur une lumière assez spirituelle pour exécuter ou plutôt s'identifier avec les mouvemens de la pensée et qui ne conserve de physique que ce qu'il en faut pour éclairer des objets matériels (2).

Notre existence terrestre sépare le domaine des actions de celui de la sensibilité sensuelle, et dans l'état ordinaire nous ne pouvons les réunir parce que l'organisation du corps divise les deux modifications de vie qu'ils emploient. Le fluide nerveux et la vie spiritualisée se touchent, mais ils forment, en même temps, le point de contact et la séparation entre l'exis-

---

(1) Pour notre pensée, franchir les distances, n'est rien, nous la portons aussi facilement sur un objet éloigné que sur celui qui nous touche.

(2) Nous ne voyons le monde matériel que parce que nous sommes dans la vie terrestre.

tence physique du corps et les mouvemens de l'âme. Nous tenons à la terre par la sensation et au monde spirituel par le mouvement de notre âme. La vie magnétique affaiblit le lien qui nous attache aux organes par cela même qu'elle étend le domaine de l'intelligence.

Nous ne pouvons voir le fluide nerveux parce qu'il reçoit l'impression des images et n'en fait pas sur lui-même. Nous ne voyons pas non plus la vie spiritualisée, dans l'état ordinaire, parce qu'elle n'entre pas dans le domaine de l'affecti-bilité. Dans l'état magnétique au contraire, un somnambule voit la vie spiritualisée parce qu'elle fait impression sur l'affectibilité des or-ganes qu'on vient de lui ouvrir ; mais quand cette voie lui est une fois ouverte il peut arriver que la vie spiritualisée du somnambule la suive d'elle-même et qu'il entre ainsi dans l'état ma-gnétique sans aucun secours étranger (1). Un magnétiseur fait cesser le somnambulisme en rappelant la vie spiritualisée par la seule force de sa volonté ; car, dans cette opération, les

---

(1) J'en ai vu plusieurs exemples, il leur suffit souvent de s'étourdir en tournant pour entrer dans un somnambulisme qui peut leur devenir habituel. Ceci peut donner l'explica-tion de l'état magnétique naturel spontané qui n'est qu'une déviation du cours ordinaire de la vie spiritualisée.

mouvemens dont on fait usage ne sont qu'un accessoire dont on peut se passer. Le souvenir de l'état magnétique se perd en retournant à la vie ordinaire ; mais si vous y avez éprouvé quelque émotion un peu forte, la contraction des organes se prolonge et vous laisse une agitation dont la cause vous reste inconnue (1).

Il peut arriver, lorsque l'on magnétise énergiquement quelqu'un déjà entré en somnambulisme, que l'on produise un instant de sommeil qui serve de passage à un nouvel état magnétique que j'appellerai supérieur. Le somnambule jouit alors de plus d'étendue dans l'exercice de ses facultés, son mode d'action est le même ; mais son âme concentre plus facilement l'exercice de ses facultés dans la vie en le séparant des organes. Cet état de concentration est toujours accidentel, il ne se produit pas à volonté. Plusieurs circonstances imprévues peuvent y concourir. Il est rare et pourtant presque tous ceux qui se sont appliqués avec persévé-

---

(1) L'intelligence fait alors de vains efforts sur l'affectibilité du cerveau pour y produire un souvenir, c'est-à-dire, un renouvellement d'impressions reçues dans un mode d'affectibilité qui n'y existe plus.

rance à la pratique du magnétisme en ont vu quelque chose. Je ne doute pas qu'il n'ait été la source d'une foule d'erreurs que l'imagination a élevées sur des concentrations mal aperçues ou imparfaitement produites. Il existe un autre état que j'appellerai l'exaltation magnétique. Les circonstances qui l'accompagnent sont plus propres à produire l'effroi qu'à faire naître la curiosité. J'ignore si l'on peut aller au-delà et rentrer ensuite dans les liens de la vie ordinaire. Lorsque, pendant une concentration, un somnambule s'abandonne trop aux mouvemens de son âme elle peut imprimer à la vie spiritualisée une impulsion assez énergique pour la séparer, en quelque sorte, des organes, c'est ce que j'appelle l'exaltation magnétique. Le corps reste alors sans mouvement, la respiration cesse aussitôt, les battemens du cœur ne se font plus sentir, les lèvres et les gencives se décolorent, et la peau, que la circulation n'anime plus, prend une teinte jeaunâtre. C'est quelque chose de plus qu'un évanouissement ; et tout semble annoncer au magnétiseur qu'il n'a plus qu'un cadavre sous ses mains. S'il se trouble, si un retour, sur lui-même, suspend son dévouement, s'il cesse de se posséder, il perd les moyens nécessaires pour rappeler son somnambule à la vie.

En inspirant dans les narines et dans la bouche d'un somnambule, dans cet état, un souffle magnétique énergique, on lui rend peu à peu l'usage de la parole; qui, d'abord, est d'autant plus difficile que la secrétion des humeurs qui lubréfient la gorge et l'arrière-bouche ayant cessé, ces parties se trouvent extrêmement sèches.

Dans l'exaltation magnétique, un somnambule voit son corps hors de lui, il vous en parle comme d'un objet qui lui est devenu étranger. La crainte de la mort, non-seulement ne le touche plus, mais c'est encore avec une sorte de répugnance, et en cédant à la volonté de son magnétiseur, qu'il consent à revêtir de nouveau des organes terrestres qui ne font que gêner l'exercice de ses facultés (1).

Le retour de l'exaltation à l'état magnétique supérieur a, pour passage, un instant de sommeil. Il faut que la volonté du magnétiseur,

______

(1) La crainte de la mort est produite par la sensation que nous recevons de la destructibilité du corps humain tant qu'il communique avec l'âme par le fluide nerveux. Quand cette communication n'existe plus qu'à peine, dans l'organe de la voix, la crainte de la mort s'évanouit, et comme l'âme agit plus librement dans la vie spiritualisée qui la retient encore qu'elle le faisait dans le corps, elle est peu désireuse d'y rentrer. Dans l'etat magnétique ordinaire, les somnambules craignent la mort.

qui donne alors l'impulsion à la vie, soit générale, forte et soutenue sans secousse. Si sa pensée s'éloigne d'une partie quelconque et n'embrasse pas également tout l'ensemble de l'organisation, il peut arriver que le membre oublié reste paralytique. L'application de l'or aux extrémités est utile en pareille circonstance, et le froid extérieur à peu près mortel.

En rentrant de l'exaltation à l'état magnétique supérieur, l'âme retrouve son corps très-affaibli. La privation de circulation nerveuse, qu'il a éprouvé, laisse à sa suite un état de langueur qui, pendant quelques momens, demande beaucoup de ménagement. Ainsi, loin que l'exaltation m'ait parue curative, j'ai toujours vu, à sa suite, des résultats peu satisfaisans pour la santé, elle affaiblit beaucoup le somnambule et le magnétiseur.

Dans l'exaltation magnétique, le vie spiritualisée, que le mouvement de l'âme entraîne, cesse de communiquer avec le fluide nerveux, il en résulte une défaillance. La plus légère secousse peut, alors, causer la mort d'un somnambule ; mais on peut le rappeler à l'existence terrestre tant que son âme est retenue dans la vie spiritualisée, qui vacille encore, incertaine comme la flamme au-dessus de la lampe qui s'éteint.

Nous devons le sentiment de notre existence terrestre aux communications qui se font entre l'âme et le corps. Elles peuvent être interrompues de deux manières, ou parce qu'un mouvement de l'âme absorbe toute la vie spiritualisée et fait cesser ainsi ses communications avec le fluide nerveux (dont le cours se trouve par cela même suspendu), ou parce que l'affectibilité du corps, se trouvant trop fortement excitée, précipite alors tout le fluide nerveux et suspend son cours par un spasme momentané de l'organe du cerveau.

Il n'est peut-être pas inutile de faire observer qu'en retournant de l'exaltation à l'état magnétique supérieur, on perd le souvenir, comme en rentrant de l'état supérieur au somnambulisme ordinaire, et de celui-ci à la vie commune.

Tous ces modes de vie humaine où l'âme peut, successivement, exercer ses facultés embarrassent du plus au moins son action ; ensorte que sa mémoire, dont elle n'use complettement que dans elle-même, augmente progressivement jusqu'à l'exaltation magnétique (qui comprend tout le reste) et diminue ensuite de même jusqu'au retour à la vie commune. Je ne m'arrêterai pas à l'examen de ce phénomène, dont j'ai précédemment donné l'explication en parlant de la mémoire.

Le fluide nerveux forme la communication du corps avec l'âme, et la vie spiritualisée celle de l'âme avec le corps.

L'état magnétique est un envahissement du fluide nerveux par la vie spiritualisée, il étend par conséquent le domaine de l'âme ; mais plus l'action spirituelle de celle-ci s'accroît, plus elle tend à la séparer des organes où notre existence terrestre ne l'enchaîne que par l'équilibre qu'elle établit entre l'empire de l'affectibilité sur la sensibilité sensuelle et celui du mouvement volontaire sur l'affectibilité.

Cet équilibre peut être détruit dans un instant (même dans le mode de vie ordinaire) lorsque l'agitation de l'âme devient extrême ; car elle peut imprimer un mouvement si impétueux à la vie spiritualisée qu'elle brise les ressorts de l'organisation où franchisse ses limites.

Les sensations subites et imprévues sont à craindre dans l'état magnétique (1) : elles sont

____

(1) Une sensation vive qu'un somnambule éprouve inopinément, absorbe tout-à-coup l'action de son âme dans l'impression que le fluide nerveux lui communique : la secousse que sa vie spiritualisée en reçoit, la retire subitement du domaine de l'affectibilité et fait par conséquent cesser l'état magnétique. Le contraire arrive lorsqu'il sur-

très-dangereuses dans les concentrations, et pourraient, alors, occasionner l'épilepsie ou même la mort. Il faut donc les éviter soigneusement et se mettre à l'abri des bruits soudains ou des coups de lumières tels que les éclairs en produisent.

Notre corps n'agit que par l'impulsion que notre volonté donne à la vie qui le met en mouvement. On ne doit donc pas être surpris du pouvoir qu'un magnétiseur obtient sur son somnambule par la seule force de sa volonté. Quant à celui-ci, sa volonté n'est pas enchaînée; et même, ordinairement, il n'obéit dans ses mouvemens que parce qu'il le veut bien, quoiqu'on puisse le rendre immobile malgré lui (1).

Un somnambule peut, de son côté, agir sur son magnétiseur; il a moins de force; mais plus de discernement et la clairvoyance dont

---

vient quelque accident ou de fortes douleurs à un somnambule rappelé au mode d'existence ordinaire ; car le trouble qu'éprouve alors sa circulation nerveuse ouvre le domaine de l'affectibilité à sa vie spiritualisée et reproduit l'état magnétique où il ne rentre pas subitement ; mais par un moment de privation de sentiment qui lui sert de passage.

(1) La matière est immobile par sa nature, et le corps humain reste de lui-même en repos ; il faut au contraire un effort pour le mettre en mouvement.

il jouit lui donne une grande supériorité dans l'emploi de ses moyens.

Le mensonge n'est pas naturel à l'homme. Notre intérêt seul nous apprend à mentir. Un somnambule récent déguise rarement la vérité; il faut auparavant qu'il ait pris possession de l'existence magnétique et qu'il en ait apprécié les relations; mais avec le temps il peut arriver qu'il mente avec d'autant plus d'adresse qu'il aura plus de lumière pour se guider.

Ce serait une étrange erreur que de se persuader que tout individu, dans l'état magnétique, a les connaissances nécessaires pour être bon médecin, et que d'un être capricieux et inconséquent le somnambulisme va tout-à-coup faire un personnage judicieux et sensé. Le caractère reste ordinairement le même quoique l'intelligence ait acquis de nouveaux moyens pour se développer.

Il semble qu'il suffit de dire que le magnétisme est la vie pour que l'on sente, qu'employé sagement, il doit être utile dans toutes les maladies. Il peut, en effet, rappeler des portes de la mort et, quelquefois, opérer des prodiges; mais il ne dispense pas d'user des remèdes ordinaires et l'on ne voit que trop souvent ses efforts échouer comme ceux de la médecine. Quant à celui qui magnétise, il court de grands dangers en s'y livrant avec excès ; car il appauvrit son existence et s'inocule essentiellement toutes les maladies susceptibles de se communiquer, ensorte que si l'activité de sa vie ne conserve pas assez d'énergie pour les repousser, il partage bientôt le sort de son malade.

La paix de l'âme, une volonté affectueuse et sensée, sont d'autant plus nécessaire en magnétisant que toutes les agitations de votre somnambule retentissent dans votre propre vie et que si vous ne les calmez pas, elles vous troubleront bientôt vous-mêmes.

L'égoïsme concentre la vie loin de nous disposer à la partager et certainement il faut éprouver l'amour de son semblable pour le magnétiser utilement. Cependant, il ne faut pas se dissimuler qu'une fois éclairé sur cette faculté, l'homme en peut diriger l'usage suivant sa volonté bonne ou mauvaise. Sous le rapport des mœurs, le magnétisme peut avoir de grands inconvéniens. On sait que tous les rapprochemens fréquens entre les deux sexes sont dangereux et celui-là plus qu'aucun autre.

J'ai fait connaître, dans ce mémoire, les modifications diverses que l'organisation humaine fait éprouver à la vie. On a vu comment, dans mon opinion, se forment entre l'âme et le corps les communications réciproques dont se composent notre existence terrestre. Je crois avoir puisé, dans la nature même, les explications que j'ai données de tous les phénomènes que le magnétisme a offerts à mes méditations. J'ignore ce que d'autres peuvent avoir vu ; sans doute, leurs observations les mettent en état de répandre un nouveau jour sur une matière où nous ne cherchons tous que la vérité.

C'est surtout à l'examen des magnétiseurs que je propose le système que je viens d'exposer. Le peu d'étendue d'un ouvrage tel qu'un mémoire m'a contraint à ne dire que ce qui m'a semblé indispensable, l'expérience de mes lecteurs suppléera à ce que j'ai tu. Je terminerai par leur rappeler ce que je leur ai dit en commençant, que dans le système que j'allais leur présenter, malgré mon ton affirmatif, je ne garantissais que ma conviction personnelle. C'est à eux à reconnaître la vérité, si je la leur ai montrée, et à rectifier mes erreurs, si je me suis égaré.

www.ingramcontent.com/pod-product-compliance
Ingram Content Group UK Ltd.
Pitfield, Milton Keynes, MK11 3LW, UK
UKHW022329120726
13694UKWH00004B/1552